Andreas Kosmalla

Die deutsche Kernenergiepolitik bis zum „Atomkonsens" im Jahr 2000 im Lichte des Multiple-Streams-Ansatzes

GRIN Verlag

Bibliografische Information der Deutschen Nationalbibliothek:

Die Deutsche Bibliothek verzeichnet diese Publikation in der Deutschen National-
bibliografie; detaillierte bibliografische Daten sind im Internet über http://dnb.d-
nb.de/ abrufbar.

Impressum:

Copyright © 2010 GRIN Verlag GmbH
Druck und Bindung: Books on Demand GmbH, Norderstedt Germany
ISBN: 978-3-656-68833-4

Dieses Buch bei GRIN:

http://www.grin.com/de/e-book/276048/die-deutsche-kernenergiepolitik-bis-zum-
atomkonsens-im-jahr-2000-im-lichte

Fern-Universität Hagen

Fachbereich Kultur- und Sozialwissenschaften

Studiengang „Bachelor Politik und Organisation"

Modul 3.1. - Koordinieren und Entscheiden in Organisationen und Politikfeldern

Die deutsche Kernenergiepolitik bis zum „Atomkonsens" im Jahr 2000 im Lichte des Multiple-Streams-Ansatzes

Hausarbeit zum Modul 3.1

im Studiengang

"Bachelor Politik- und Verwaltungswissenschaft"

Andreas Kosmalla

INHALT

0. EINLEITUNG

Das ursprüngliche Ziel dieser Ausarbeitung war die Klärung der Frage, inwieweit sich das Zustandekommen des „Atomkonsenses" im Jahr 2000 mit einem nicht von vornherein politische Rationalität unterstellenden Modell wie dem Multiple-Streams-Ansatz von John Kingdon beschreiben und erklären lässt.

Im Zuge der Konzeption der Arbeit stellte sich heraus, dass der zweijährige Prozess der unmittelbaren Aushandlung der Vereinbarung zwischen der Bundesregierung und den Energieversorgungsunternehmen in den Jahren 1998 bis 2000 zu wenig Substanz für eine Multiple-Streams-Modellierung enthält.

Daher wurde der Zeitraum der Betrachtung ausgedehnt und umfasst nun die vollständige Betrachtung der bundesdeutschen Kernenergiepolitik von ihren Anfängen im Jahr 1955 bis zum „Atomkonsens" im Jahr 2000. Hier fand sich reichlich Material, allerdings entstand die Schwierigkeit, all dies im zur Verfügung stehenden 15-Seiten-Rahmen einer Seminararbeit unterzubringen

In Kapitel 1 werden die theoretischen Grundlagen des Multiple-Streams-Modells vorgestellt. Nach einer Beschreibung allgemeiner Grundannahmen zum politischen Prozess wird zunächst das sogenannte „Garbage-Can-Modell" von Cohen, March und Olsen vorgestellt, auf dessen Grundlage anschließend Kingdons Modifikationen zum Multiple-Streams-Modell erläutert werden.

Es folgt ein historische Kurzüberblick zur deutschen Kernenergiepolitik. Eine an dieser Stelle ebenfalls geplante systematische Darstellung der einzelnen Akteure, Konfliktlinien und Schlüsselereignisse musste aus Platzgründen entfallen.

Breiten Raum nimmt im nachfolgenden Kapitel 3 die konkrete Identifizierung der „klassischen" Elemente des Multiple-Streams-Modells im Hinblick auf das betrachtete Fallbeispiel „Kernenergiepolitik" ein.

Anschließend wird ein erstes, geteilt ausfallendes Fazit formuliert. Letzten Endes könnte es sich lohnen, den hier begonnenen Test des Multiple-Streams-Ansatzes für das Politikfeld „Kernenergienutzung" noch einmal in einem umfangreicheren Rahmen aufzugreifen.

1. DER MULTIPLE-STREAMS-ANSATZ ALS ERKLÄRUNGSMODELL IN DER POLITIKFELDANALYSE

1.1. Regieren als anarchischer Prozess

Das bis heute vorherrschende Basisschema der Politikfeldanalyse[1] entstammt der funktionalistischen Sichtweise und Theoriebildung der 50er und 60er Jahre[2]. Die Erzeugung politischer Ergebnisse wird dabei als sozio-kybernetischer Informationsverarbeitungsprozess aufgefasst, durch den in genau definierten Schritten gesellschaftliche Optimierungsprobleme nach streng rationalen Kriterien gelöst werden: Politische Akteure identifizieren Probleme und setzen sie auf ihre Agenda, formulieren politische Programme zu deren Lösung und treffen Entscheidungen zur Bereitstellung entsprechender Ressourcen. Nach erfolgter Programm-Umsetzung wird das Ergebnis evaluiert und gegebenenfalls werden politische Lernergebnisse festgehalten. Anschließend wird der entsprechende Politikprozess entweder beendet oder seine Ergebnisse dienen als Input für einen neuen Politik-Zyklus.

Mittlerweile haben vielfältige empirische Untersuchungen und theoretische Debatten dazu geführt, dieses Phasenmodell als unterkomplex und unrealistisch zu charakterisieren[3]. Beispielsweise seien die einzelnen Prozessphasen oft nicht klar voneinander unterscheidbar, außerdem würden sie selten in der beschriebenen, gelegentlich auch in überhaupt keiner logisch und kausal bestimmten Reihenfolge aufeinander folgen. Überdies gerate völlig aus dem Blick, dass politische Aktivitäten nicht notwendigerweise hauptsächlich ziel- und umsetzungsorientiert verliefen, sondern zunächst einmal dem Erhalt von Macht und Handlungsfähigkeit zu dienen hätten[4] u.a.m.

Damit gilt das Modell des „klassischen" Poltikzyklus zwar weiterhin als verdienstvoll, provoziert aber auch geradezu den Gedanken, die ihm zugrundeliegenden streng rationalen Grundannahmen erst einmal möglichst radikal infrage zu stellen, um die beschriebenen empirischen und theoretischen Mängel zu beheben.

---

[1] z.B. Jann, Werner; Wegrich, Kai: Phasenmodelle und Politikprozesse: Der Policy Cycle. In: Schubert, Klaus; Bandelow, Nils (Hg.): Lehrbuch der Politikfeldanalyse 2.0. München 2009, S. 75-113

[2] pars pro toto: Easton, D.: The Political System. An Inquiry into the State of Political Science. New York 1953.

[3] vgl. Jann / Wegrich 2009 (Anmerkung 1), S. 102ff.

[4] ebenda

Gerade für eine Analyse des hier betrachteten Politikfeldes „Kernenergiepolitik" erscheint es sinnvoll, diesem Impuls zu folgen, denn der anhaltende gesellschaftliche Dauerkonflikt um dieses Thema erscheint geradezu als Inkarnation der *„Zertrümmerung jener Steuerungs- und Planungseuphorien, deren theoretische und praktische Manifestationen in der zweiten Hälfte der 60er Jahre die Szene beherrschten."* (KITSCHELT 1980, S. XI):

> *Es verhält sich eben nicht so, wie liberal-technokratische und sozialdemokratische Politik-Konzepte in den 60er Jahren in Aussicht stellten, dass nämlich die staatliche Politik [...] progressive Ordnungs- und Entwicklungsleistungen erzeugten und damit der System- wie der Sozialintegration eine neue Festigkeit verleihen könnte. Sondern es verhält sich so, dass Borniertheit, Kurzsichtigkeit, die Tendenz zum Ausklammern und zum Vertagen, eine spezifische institutionelle Vergesslichkeit und die „unterkomplexe Repräsentation gesellschaftlicher Interessen" sich [...] als **Rationalitätsdefizite der staatlichen Politik selbst** mitteilen. (KITSCHELT 1980, S. XII, Hervorhebung: A.K..)*

Dementsprechend favorisieren wir hier fünf neue, vom „klassischen" Ansatz radikal abweichende Postulate (vgl. RÜB 2009, S. 349ff.):

1. Organisationen - wie z.B. Regierungssysteme - werden als *organisierte Anarchien* betrachtet, deren Entscheidungen durch konfligierende, im Zweifelsfall nicht regelhaft bestimmte oder extern kontrollierbare Handlungsabläufe getroffen werden.

2. Organisationsentscheidungen werden durch eine Anzahl zeitlich ausgedehnter, sich jeweils unterschiedlich schnell voranbewegender *Prozess-Ströme* bestimmt, durch die bestimmte entscheidungsrelevante Aspekte innerhalb sich jeweils immer wieder ändernder Strukturen und auf jeweils mehr oder weniger unbestimmte Art und Weise herausgearbeitet werden.

3. Organisationen - und insbesondere Regierungssysteme - können *mehrere Entscheidungsprozesse parallel* bearbeiten, sind jedoch in der Regel mit zu vielen Ereignissen und Anforderungen konfrontiert, als dass sie allen die gleiche oder auch nur die „eigentlich notwendige" Aufmerksamkeit widmen könnten.

4. Alle zentralen Phänomene einer Organisation sind *kontingent und mehrdeutig*. Die Präferenzen der an Entscheidungen beteiligten Personen sind eher unklar und unbeständig, ihr Beteiligungsgrad ist ständigen Schwankungen unterworfen, ebenso wie ihr jeweiliger Beherrschungsgrad von Kommunikations- und Entscheidungsverfahren sowie die Wahrnehmung davon, was im jeweils konkreten Fall eigentlich genau „das Problem" und was „eine Lösung" ist.

5. Innerhalb eines solchen komplexen Systems sich tendenziell anarchisch zueinander verhaltender Entscheidungsfaktoren und -elemente ist es einzelnen Personen - sogenannten *politischen Unternehmern* - möglich, aufgrund ihrer Entschlusskraft, Durchsetzungsfähigkeit, Vernetztheit und Kommunikationsfähigkeit die Tragweite und Substanz politischer Prozesse entscheidend zu beeinflussen.

1.2. Das Garbage-Can-Modell

Die fünf eben genannten Punkte bilden die Basis für ein von Cohen, March und Olsen (1972) beschriebenes Modell zur Entscheidungsfindung in Organisationen. Die beschriebene „Gemengelage" von Entscheidungsfaktoren (Probleme, Lösungen, Entscheidungsteilnehmer und ihre Ressourcen[5]) wird darin drastisch als „Ramsch" oder „Gerümpel" apostrophiert. Sich auftuende Gelegenheiten für Entscheidungen fungieren dabei als „Mülltonnen", deren Inhalt von der zum jeweiligen Zeitpunkt vorhandenen Mischung des aktuell vorhandenen „Gerümpels" (d.h. der aktuell wirkungsmächtigen Entscheidungsfaktoren) bestimmt wird.

Alle Entscheidungsfaktoren bündeln sich in vier prozesshaften *Strömen*: Einerseits läuft ein Prozess der Identifizierung von *Problemen*, andererseits ein Prozess der Erarbeitung von Handlungsvorschlägen („*Lösungen*"); hinzu kommen ein Beteiligungsprozess verschiedener individueller oder kollektiver Akteure („Entscheidungs*teilnehmer*") und ein Strom von Entscheidungs*gelegenheiten*.

Der substanzielle Gedanke des Garbage-Can-Modells besteht nun darin, Organisationsentscheidungen als Resultat einer prinzipiellen Unabhängigkeit und logischen Entkopplung dieser Ströme zu beschreiben und damit auch Genese und Ergebnisse irrational erscheinender Entscheidungen zu erklären:

Handlungsvorschläge und Lösungen werden unabhängig von real existierenden Problemen oder bevorstehenden Entscheidungsprozessen entwickelt. Gewisse Akteure haben ein Interesse daran, sich zu engagieren, und suchen nach geeigneten Themen bzw. Problemen. Bestimmte Probleme „schlummern" vor sich hin, bis sie im Zuge einer Entscheidungs-Gelegenheit in den Vordergrund geraten. Und bereits fertig ausgearbeitete Lösungen warten ihrerseits auf das Auftauchen geeigneter Probleme, mit denen sich ihre Implementierung begründen lässt.

Rationale Analyse und zielgerichtete Entscheidungen werden in diesem Modell zwar nicht prinzipiell negiert, verlieren jedoch ihren konstitutiven Charakter und erscheinen angesichts der vielen anderen - empirisch durchaus belegbaren - möglichen Kombinationen von Handlungsmotiven und -abläufen als eher weniger wahrscheinlich.

1.3. Auslösebedingungen von Policies

Die empirische Referenz für das Garbage-Can-Modell war ursprünglich der Universitätsbetrieb. John W. Kingdon legte 1984 eine Policy-Studie vor (hier: KINGDON 2003), in der dieses Modell systematisch auf politische Prozesse und insbesondere Regierungshandeln angewandt und dazu mit einigen Modifikationen versehen wird, z.B. hinsichtlich der Definition der Ströme:

---

[5] KINGDON 2003, S. 86

(1) Ein *Problemstrom* enthält, wie gehabt, alle Sachverhalte, die innerhalb eines Politikfeldes um eine Wahrnehmung als politisches Problem konkurrieren. Dies kann durch öffentliche Rückmeldungen oder Beschwerden geschehen (*Feedback*), im Zuge spektakulärer Ereignisse (*focusing events*) oder infolge der Entwicklung bestimmter problemrelevanter, meist statistisch erhobener *Indikatoren* (Geburtenrate, Budgetdefizit ...) (vgl. RÜB 2009, S. 354).

(2) Ein „politischer Strom" („*Politics-Strom*") umfasst alle politischen Gegebenheiten und Verfahrensweisen, mit denen sich Entscheidungen beeinflussen lassen. Kingdon beschreibt als entscheidende Faktoren den *Zeitgeist*, das *Kräfteverhältnis organisierter Interessen* und die Dispositionen innerhalb der *Regierung*, insbesondere hinsichtlich personeller Kontinuitäten und hinsichtlich der Zuständigkeitsverteilung (KINGDON 2003, S. 146ff.).

Diese beiden erstgenannten Ströme bestimmen nach Kingdon vor allem die Agenda der Regierung (KINGDON 2003, S. 200). Demgegenüber hauptsächlich für die Entwicklung von Alternativen zur Regierungspolitik verantwortlich ist:

(3) der *Policy-Strom* („Optionsstrom"). Kingdon beschreibt ihn als „politische Ursuppe" („*political primeval soup*" - KINGDON 2003, S. 116ff.), in der eine Vielzahl von immer neuen Handlungsvorschlägen entsteht, die in einem oft langwierigen, mit der biologischen Evolution vergleichbaren Prozess entwickelt und ausselektiert wird. Neben gegebenenfalls aufwändigen und langwierigen Prozessen des „Unterminierens" („*softening up*") verfestigter Sichtweisen von Schlüsselpersonen, Expertengruppen und Öffentlichkeit bestimmen vor allem drei Faktoren das „Überleben" von Ideen: *technische Machbarkeit, normative Akzeptanz* und die *Antizipation künftiger Einschränkungen.*

Policies werden dann ausgelöst, wenn eine erfolgreiche *Kopplung* dieser drei Ströme stattfindet. Solche sogenannten *Entscheidungsfenster* können sich sowohl vom Problemstrom her öffnen (z.B. *focusing events*) als auch über den Politikstrom (z.B. Regierungswechsel) - erstere eher unvorhersehbar, letztere eher vorhersehbar. Meist sind die einzelnen Entscheidungsfenster nur für kurze Zeit offen, so dass es entscheidend darauf ankommt, gemäß den o.g. Kriterien hinreichend entwickelte Problemwahrnehmungen und Handlungsoptionen rasch mit vorteilhaften politischen Gegebenheiten zu verknüpfen.

Gerade an diesem Umstand wird noch einmal deutlich, wie inadäquat eine stringent sachlogische Handlungsfolge unter solchen Bedingungen wäre, denn der für eine erfolgreiche Kopplung unbedingt erforderliche Grad an Konkretheit und „Finalisierung" von Policy-Optionen muss bereits zwingend erreicht sein, bevor ein entsprechendes Problem virulent wird.

Offensichtlich ist aber auch, dass in solchen Situationen das Vorhandensein geeigneter *politischer Unternehmer* zum entscheidenden Faktor wird, sprich: die „richtige" Kombination aus Verantwortungsgefühl, wohlverstandenem Eigeninteresse, bestimmten politischen Wertvorstellungen und auch der schieren Lust an der Gestaltung politischer Prozesse (KINGDON 2003, S. 204).

2. KERNENERGIEPOLITIK IN DEUTSCHLAND BIS ZUM „ATOMKONSENS" IM JAHR 2000

Nach dem Zweiten Weltkrieg war beiden deutschen Staaten zunächst jegliche Forschung und technische Anwendung in Sachen Atomkernspaltung untersagt worden. 1955 erlangte die Bundesrepublik Deutschland mit Ratifizierung der Pariser Verträge ihre staatliche Souveränität und konnte an die Verwirklichung von bereits drei Jahre zuvor begonnenen Überlegungen (KITSCHELT 1980, S. 46f.) zu Reaktor- und Kraftwerksbau gehen. Die Darstellung der Entwicklung der folgenden 45 Jahre bis zur Jahrtausendwende folgt einem vielzitierten Vier-Phasen-Modell von Felix Christian MATTHES (2000, S. 141ff.):

Zunächst begann eine bis 1967 datierte *„spekulative Phase"*: Die Bundesregierung forcierte die Kernenergiepolitik und etablierte ein Ministerium für Atomfragen sowie eine Reihe weiterer fördernder Behörden und Institutionen. Durch die Gründung der Europäischen Atomgemeinschaft EURATOM und der Internationalen Atomenergieorganisation IAEO im Jahr 1957 wurden diese Prozesse auch international abgesichert. Im gleichen Jahr nahm der erste Forschungsreaktor in Garching bei München seinen Betrieb auf. Ein Jahr später wurde das erste von vier staatlichen Atomprogrammen aufgelegt, die sich zunächst jedoch als zu schwach erwiesen (KITSCHELT 1980, S. 66ff.).

Diese erste Phase war stark geprägt durch einen Gegensatz zwischen den hoffnungsvollen Ambitionen der öffentlichen Hand und einer großen Skepsis der Energieversorgungsunternehmen hinsichtlich des Investitionsrisikos, außerdem gab es Widerstände aus der Montanindustrie und Beeinflussungsmaßnahmen aus den USA (ebenda). Auch scheiterte der erste Entwurf des Atomgesetzes 1957 im Deutschen Bundestag, ein zweiter Entwurf wurde erst in der folgenden Legislaturperiode angenommen. Es dauerte bis 1961, bis ein erstes kleines Kernkraftwerk in Kahl am Main mit 15 MW Leistung ans Netz ging.

Die Jahre 1967 bis 1975 markieren Beginn und Ende der sogenannten *„Durchbruchphase"*. Hier wurden die struktur- und technologiepolitischen Weichen für den Aufbau des bis heute vorhandenen Bestandes an Atomkraftwerken gestellt und auch die meisten dieser Kraftwerke in Auftrag gegeben.

Getragen wurde diese Entwicklung von einem weitgehend ungebrochenen Konsens aller politischen Parteien. Namentlich die sozialliberale Koalition betrieb den massiven Ausbau von Kernkraftwerken und stützte sich dabei sowohl auf Prognosen stetig wachsenden Stromverbrauchs (CORBACH 2005, S.

102) als auch auf Überlegungen, den Auswirkungen der ersten Ölkrise im Jahr 1973 mit Hilfe der Kernenergie zu begegnen[6].

Die folgenden 11 Jahre von 1975 bis 1986 werden als *„Stagnationsphase"* bezeichnet. Einerseits wurde in dieser Phase der größte Teil der heutigen deutschen Kernkraftwerke fertiggestellt, andererseits veränderte sich das gesellschaftliche Klima immer mehr zuungunsten der Kernenergienutzung.

Regierung und Energieversorgungsunternehmen sahen sich einer ab 1976 schnell erstarkenden gesellschaftlichen Widerstandsbewegung gegen den Bau und Betrieb von Kernkraftwerken gegenüber, die gleich zu Beginn dieser Periode den Bau des Kernkraftwerks Wyhl erfolgreich stoppte (ATOM-EXPRESS 1997, S. 46ff.) und an mehreren Höhepunkten der Auseinandersetzung sechsstellige Personenzahlen zu mobilisieren vermochte.

Zwar gelang es der Anti-AKW-Bewegung bis 1986 nicht mehr, weitere Kraftwerks- und Atomanlagenbauten zu verhindern. Im Zuge der sich entspinnenden heftigen gesellschaftspolitischen Debatten schwenkte jedoch die SPD im Jahr 1977 um und erwirkte eine deutlich restriktivere Genehmigungspraxis, die den Bau von Kernkraftwerken wesentlich verlängerte und verteuerte (CORBACH 2005, S. 103). Ende 1986 waren in der Bundesrepublik ca. 25 Kernkraftwerksblöcke am Netz.[7]

Dem Zeitraum ab 1986 wird von Matthes das Attribut *„Niedergangsphase"* zugesprochen; mit heutigem Blick würden wir eher eine - langwierige und bis heute nicht beendete - „Entscheidungsphase" diagnostizieren.

Nach der Reaktorkatastrophe im ukrainischen Tschernobyl am 26. April 1986 kam es zu einer konstanten Ablehnung der Kernenergienutzung in der Bevölkerung, die sich schon im August desselben Jahres in einem Parteitagsbeschluss der SPD zur Vorlage eines „Kernenergie-Abwicklungsgesetzes" niederschlug (SCHNEEHAIN 2004, S. 10f.), das den Ausstieg aus der Atomenergienutzung innerhalb von 10 Jahren vorsah. Noch im Mai desselben Jahres hatte die SPD-Fraktion mit den bürgerlichen Regierungsparteien gegen einen entsprechenden Gesetzesentwurf der Grünen gestimmt[8].

Zwar wurden noch bis 1989 weitere Kernkraftwerksblöcke in Betrieb genommen[9], jedoch scheiterten im gleichen Zeitraum gleich drei Großprojekte für eine neue Generation von Atomanlagen (CORBACH 2005, S.104). Der geplante Einstieg in eine atomare Wiederaufbereitungswirtschaft sowie die praktische Erprobung neuer Reaktortypen hatten sich damit auf nationaler Ebene erledigt.

---

[6] www.welt.de/politik/article2203802/Atomkraft_war_frueher_ein_Teil_linker_Utopien.html (Zugriff 03.04.2010)

[7] http://de.wikipedia.org/wiki/Liste_der_Kernkraftwerke#Deutschland (Zugriff 03.04.2010)

[8] Beschlussempfehlung und Bericht des Innenausschusses (4. Ausschuss) zu dem von der Fraktion DIE GRÜNEN eingebrachten Entwurf eines Gesetzes über die sofortige Stillegung von Atomanlagen in der Bundesrepublik Deutschland (Atomsperrgesetz). BT.Drucksache 10/1913.

[9] http://de.wikipedia.org/wiki/Liste_der_Kernkraftwerke#Deutschland (Zugriff 03.04.2010)

Die Anti-Atom-Bewegung konnte im Jahr 1986 noch zu mehreren Anlässen 100.000 Menschen auf die Straße bringen (ATOM-EXPRESS 1997, S. 111ff.) und damit entscheidend zum späteren Baustopp der geplanten Wiederaufbereitungsanlage Wackersdorf beitragen, erlebte aber ab 1987 einen Niedergang. Neben internen Streitigkeiten vermochte sie insbesondere nach 1990 einige vielversprechende Impulse aus der Friedlichen Revolution in der DDR nicht für sich zu nutzen, die immerhin zur Abschaltung aller dortigen Atomkraftwerke geführt hatten. Erst ab 1995, mit der Inbetriebnahme des atomaren Zwischenlagers in Gorleben, lebte die Bewegung wieder auf und trieb mit teilweise spektakulären Blockadeaktionen den Aufwand für die mehr oder weniger regelmäßig anfallenden Atommülltransporte in die Höhe.

Die SPD versuchte nach 1990, in von ihr regierten Bundesländern die Stilllegung von Atomanlagen durchzusetzen. Dabei kam es auf Initiative der niedersächsischen Umweltministerin Monika Griefahn im Jahr 1992 zu ersten Konsensgesprächen zwischen Vertretern der Bundesländer und der Stromkonzerne, die jedoch im November 1993 wieder eingestellt wurden (CORBACH 2005, S.105).

Mit dem Regierungswechsel im Jahr 1998 wurden die Karten auf der politischen Seite neu gemischt und der von SPD und Grünen schon so lange geplante Ausstieg aus der Kernenergienutzung vorangetrieben. Vor allem auf Drängen der SPD geschah dies in Form von Konsensgesprächen mit den Vertretern der Energieversorgungsunternehmen, die am 14.6.2000 zu der seitdem als „Atomkonsens" bekannten Vereinbarung führte (BUNDESREGIERUNG 2000) und am 26.04.2002 Gesetzesform erlangte[10]. Neben einem Verbot des Baus neuer Atomanlagen wurden Restlaufzeiten und -strommengen vereinbart, die bis Mitte/Ende der 2020er Jahre zur Abschaltung der letzten deutschen Kernkraftwerke führen würden[11].

---

[10] BGBl I 2002/26, S. 1351ff.

[11] http://de.wikipedia.org/wiki/Liste_der_Kernreaktoren_in_Deutschland#Kernkraftwerke (Zugriff: 05.04.2010)

3. DER „ATOMKONSENS" IM JAHR 2000 ALS KOPPLUNGSERGEBNIS KONTINGENTER POLITIKSTRÖME

3.1. Kernenergie als politischer Problemstrom

In den ersten 15 Jahren der Geschichte der Bundesrepublik Deutschland war die Problemwahrnehmung innerhalb des politischen Systems vollständig von Fragen des „Wie" beim Ausbau der Kernenergienutzung bestimmt - trotz wechselnder Regierungskonstellationen stand das „Ob" zunächst nie infrage (MATTHES 2000, S. 150). Entsprechend standen Fragen der internationalen Legitimation, wissenschaftlichen Kapazitäten, technischen Implementierung (Stichwort: favorisierter Reaktortyp), Ressourcenverteilung sowie der staatlichen Gesetzgebung, Steuerung und Finanzierung auf der Tagesordnung (vgl. KITSCHELT 1980, Kapitel 2 bis 4).

Daher befanden sich in dieser Phase im wesentlichen folgende Akteure in der politischen Arena: die Bundes- und Landesregierungen mit ihren Behördenapparaten, die mit der Herstellung kerntechnischer Anlagen befassten Industrieunternehmen, die großen Energieversorger und die wissenschaftlichen Forschungseinrichtungen, außerdem die entsprechenden Verbände der Hersteller- und Energieversorgungsindustrie. Von Seiten der Zivilgesellschaft spielten nur die jeweiligen Industriegewerkschaften eine gewisse Rolle, die jedoch teilweise bis in die 1980er Jahre hinein eine kernkraft-befürwortende Haltung einnahmen und lediglich nachgeordnete Probleme der Konkurrenz zwischen Kohle- und Atomwirtschaft aufwarfen (MATTHES 2000, S.157).

Die Problemwahrnehmung erfolgte im wesentlichen über *Feedbacks*, die sich die institutionellen Akteure gegenseitig gaben. Dabei entstand durch die strukturelle Steuerungsschwäche der politischen Ebene schon in diesem Zeitraum das Problem der *„Auslagerung von Entscheidungsprozessen aus dem Kernbereich des politisch-administrativen Systems, wo Überprüfbarkeit und Verantwortlichkeit noch gesetzlich verankert sind, hin zu privatrechtlich organisierten halbstaatlichen Institutionen ... "* (KITSCHELT 1980, S.96)

In gewisser Weise wurden die deutsche Atomwirtschaft und die sie unterstützenden Regierungen dann ab Mitte der 70er Jahre „Opfer ihres eigenen Erfolgs" nach dem massiven Ausbau der Kernenergienutzung im Zuge der „Durchbruchsphase" (siehe Kapitel 2). Angestoßen durch den Anstieg umweltpolitischer *Indikatoren* (Anzahl der Kernkraftwerke, produzierter Atommüll, Folgen der allgemeinen Umweltverschmutzung, erster Bericht des „Cub of Rome" usw.) wie auch durch verschiedene *focusing events* (erste Ölkrise, erste bekanntgewordene Störfälle in den Kernkraftwerken Windscale, Brunsbüttel und Harrisburg) trat die bisher vernachlässigte Zivilgesellschaft in Form von Bürgerinitiativen auf den Plan und konfrontierte die bisherigen Akteure der Kernenergiepolitik mit ihrem geharnischten, immer vehementer werdenden und zunächst vollständig außer-institutionellen *Feedback* zu jenen Themen, die bis heute den Problemstrom in Sachen Kernenergie hauptsächlich prägen: Betriebssicherheit und Strahlenrisiko, ungelöste Entsorgungsfragen, mangelnde Beteiligung und Berücksichtigung der Interessen der betroffenen Bürgerinnen und Bürger, Grundfragen einer ökologischen und nachhaltigen Energie- und Wirtschaftspolitik (vgl. ATOM-EXPRESS 1997, S.17ff.).

Bald schon erzeugte das Auftreten einer breiten Anti-Atom-Bewegung seiner-seits neue Probleme, die auf allen Kanälen wahrnehmbar wurden: Erfolgreich durchgesetzte Baustopps wie auch Demonstrationen und Protestaktionen mit zehntausenden von Teilnehmern wirkten als neue *focusing events*, demoskopi-sche *Indikatoren* zeigten Legitimationsdefizite für staatliches Handeln auf (Gewaltfrage, „Atomstaat") und der geplante weitere Ausbau der Atomenergie- und -brennstoffwirtschaft erhielt ein verzögerndes *Feedback* nach dem anderen (neben den Protesten vor allem von Seiten der Gerichte, aber auch durch Regierungshandeln), bis ihm die weiteren Entwicklungen im Zuge des *focusing events* „Tschernobyl-Katastrophe" endgültig den Garaus machten. Außerdem vollzog sich ein Kategorienwechsel in der Problemwahrnehmung - weg von eher technisch-kommunikativ eingestuften „Umsetzungsproblemen" und hin zu gesellschaftspolitisch brisanteren Legitimations- und Wertekonflikten.

Von den 90er Jahren bis zur Jahrtausendwende vollzogen sich dann eigentlich nur noch Akzentverschiebungen innerhalb der einmal entstandenen Problem-konstellation: nun traten Fragen atomarer Endlagerung, der Förderung erneuer-barer Energien und auch schon rechtliche und prozedurale Fragen eines mögli-chen Ausstiegs aus der Kernenergienutzung in den Vordergrund.

Zusammenfassend fällt auf, dass der kernenergiepolitische Problemstrom von einem einigermaßen hohen Grad an Kontingenz geprägt ist. Sind es in den beiden ersten Entwicklungsphasen noch vorwiegend die institutionellen Gegenspieler der Bundesregierung (Länder, Atom- und Energieindustrie), die deren umfassende Steuerungspläne und -visionen durchkreuzen, so prägen später die nicht-intendierten Folge-Effekte eines im Ergebnis eher „natur-wüchsig" geprägten (KITSCHELT 1980, S.75ff.) Entwicklungs- und Ausbau-prozesses der Kernenergie mit ihren vielen *focusing events* das Bild.

3.2. Ideen und Optionen im Policy-Strom

Über viele Jahre hinweg galt die Kernenergienutzung als „hypermodern" und die Beteiligung an dem „Wie" ihrer Implementierung als attraktives Projekt für Akteure aus dem Wissenschaftssystem. Angesichts des im Jahr 1955 festzu-stellenden Mangels an entsprechenden Forschungseinrichtungen und qualifiziertem Personal wurden zahlreiche forschungspolitische Aktivitäten entfacht, um sozusagen die „Zutaten" und die „Küchen" für eine gehaltvolle kernenergiepolitische *„primeval soup"* (siehe Abschnitt 1.3) zu generieren.

Über ihre Atomprogramme unternahm die Bundesregierung zunächst große Anstrengungen, möglichst vielen technischen Lösungen für Atomanlagen zur praktischen Erprobung zu verhelfen, stieß damit aber auf den Widerstand der stark miteinander verflochtenen Herstellerfirmen. Letztendlich wurde die „Durchbruchphase" der deutschen Kernenergiepolitik damit eingeleitet, dass sich die staatlichen Atomprogramme an den Präferenzen der Industrie auszurichten begannen statt umgekehrt (KITSCHELT 1980, S. 84ff.). Die nun eigetretenen neuen Bedingungen des Baus und Betriebs von Kernkraftwerken in großem, kommerziellen Maßstab erzeugten noch einmal einen neuen Forschungsschub, insbesondere im Bereich der Reaktorsicherheit.

Dies war die Geburtsstunde der atomkritischen Wissenschaftsgemeinde. Angesichts von zu Tage getretenen - konkreten wie prinzipiellen - kerntechnischen Sicherheitsproblemen wandten sich zunächst einzelne Wissenschaftler gegen eine unkritische Weiterverfolgung der atomtechnischen Ausbaupläne und hinterfragten damit erstmals das Deutungsmonopol der großen Kernforschungszentren wie Jülich oder Karlsruhe (MATTHES 2000, S.158).

Damit unterstützen sie fortan nicht nur die Argumentation der atomkritischen Bürgerinitiativen, sondern sensibilisierten auch breitere Bevölkerungsschichten für das Kernkraftthema und begründeten später wichtige „Think-tanks" der Anti-Atomkraft-Bewegung wie das Freiburger Öko-Institut (ebd.).

Die Anti-Atom-Bewegung verfügte zunächst kaum über Ressourcen, um jenseits eines prinzipiellen „Nein" gesellschaftlich tragfähige Alternativen zur existierenden Kernenergiepoiltik zu formulieren. Teilweise bis in die 80er Jahre hinein waren die Bürgerinitiativen darauf angewiesen, sich die entsprechende technische und rechtliche Expertise mehr oder weniger autodidaktisch anzueignen. Einzelnen Vertretern gelang dies auf beeindruckende Weise, aber der generell nicht von der Hand zu weisende Vorwurf der Konzeptlosigkeit und „Politik-Unfähigkeit" an die breite Masse der Atomkraftgegner verhärtete und erschwerte die politischen Auseinandersetzungen über lange Zeit.

Die in den 1980er Jahren einsetzende Akkumulation von Ressourcen der atomkritischen Wissenschaftsgemeinde, erstarkender Bürgerinitiativen, der neuen politischen Partei „Die Grünen" und teilweise auch der Naturschutz- und Umweltverbände erbrachte dann jedoch sehr bald *alternative Policy-Optionen,* die nach und nach alle Kriterien der „Überlebensfähigkeit" in der „evolutionären Ursuppe" des Policy-Prozesses (siehe Abschnitt 1.3.) zu erfüllen vermochten: Ihre *technische Machbarkeit* wurde immer besser untersetzt, der um sich greifende *Wertewandel* in der Kernenergiedebatte kam ihnen zu Gute, und die *Notwendigkeit zukünftiger Einschränkungen* beim Energie- und Ressourcenverbrauch war ihnen inhärent. Im Jahr 1986 war das bis heute gültige Argumentations- und Handlungsmuster zum Atomausstieg praktisch komplett ausgearbeitet (vgl. FISCHER 1986).

Was nun folgte, waren ausgedehnte Prozesse des *„softening up"* (KINGDON 2003, S. 127ff.), also der Erosion festgefügter Positionen der politischen Kernkraftbefürworter, namentlich der bürgerlich-konservativen Parteien, die immer mehr in die Defensive gerieten. Bereits kurz nach der Tschernobyl-Katastrophe begannen auch die ersten *„bandwagons"* (ebd., S.139ff.) zu rollen, sprich: immer mehr gesellschaftliche Akteure sprangen auf den fahrenden Zug der Atomausstiegsforderungen auf, wie beispielsweise die Gewerkschaften (MATTHES 2000, S.157).

Der 1998 bis 2000 erfolgreich verhandelte Atomausstieg scheint uns zum Schluss noch eine weitere These aus Kingdons Beschreibung des Policy-Stromes zu belegen: *„ideas, not pressure"* (KINGDON 2003. S.125ff.). Obwohl die Anti-Atom-Bewegung auch nach ihrer Renaissance Mitte der 90er immer noch weit von der alten Stärke der 1970/80er Jahre entfernt war und obwohl sich die Energieversorgungsunternehmen längst wieder der beträchtlichen rechtlichen und politischen Stärke ihre Position bewusst waren, funktionierte der Atomausstieg als „Idee, deren Zeit gekommen ist", und deren Festschreibung sich trotz noch erheblicher Verhandlungserfolge der Gegenseite schlussendlich nicht mehr vermeiden ließ.

3.3. Interessen und Ideologien im Strom der „Politics"

Der „Politikstrom" der deutschen Kernenergiepoiltik entsprang und verlief in deren ersten beiden Entwicklungsphasen im wesentlichen in dem vergleichsweise engen „Flussbett" der Technologie- und Strukturpolitik als Teilaspekten von Wirtschaftspolitik. Aufgrund der schon erwähnten Tendenzen zur Delegation wichtiger Entscheidungen an halbstaatliche Komitees und privatrechtlich organisierte Institutionen sprechen Autoren wie KITSCHELT sogar von einer damaligen „Depolitisierung" dieses Politikfeldes (1980, S. 95f.).

Abgesehen von den erwähnten fach- und wirtschaftspolitischen Auseinandersetzungen um das „Wie" des Auf- und Ausbaus der Kernenergienutzung blieben die generellen Parameter des Politikstroms bis Mitte der 70er Jahre auch zunächst weitgehend unverändert: der *Zeitgeist* war stabil pro-Kernkraft, ebenso wie die *Konstellation der organisierten Interessen*, und keiner der bis dahin erfolgten *Regierungs- und Personalwechsel* hatte daran im Grundsatz etwas geändert.

Selbst das Auftreten der Anti-Atom-Bewegung und der sich herausbildende gesellschaftliche Konflikt schienen hieran zunächst einmal nicht wirklich viel zu ändern: Protestierende Anwohner, genehmigungsrechtliche Schwierigkeiten und technische Sicherheitsdebatten wurden von den politisch Verantwortlichen noch lange als reine Implementations-Schwierigkeiten innerhalb eines im großen und ganzen doch bisher unproblematischen Politikfeldes gedeutet.

Genau diese Ignoranz, Passivität und Unterschätzung der politischen Brisanz dieser sich in einen Werte- und Legitimationskonflikt wandelnden Auseinandersetzungen führte in der beschriebenen „Stagnationsphase" der Kernenergienutzung zu tiefgreifenden politischen Veränderungen: dem dauerhaften Übergang vom Drei- zum Vierparteiensystem; der bundesweiten Dauerpräsenz einer neuen, gelegentlich militanten außerparlamentarischen Ein-Punkt-Opposition und der dauerhaften Etablierung umwelt- und energiepolitischer Themen auf der politischen Agenda von Parteien und Regierungen.

Und in derselben Weise, in der sich bis dahin alle Bundesregierungen, gleich welcher Couleur, politisch auf eine *nationale Stimmung* pro-Kernenergie verlassen konnten, mussten sie nun, ebenfalls gleich welcher Couleur, dem sich ändernden *Zeitgeist* Rechnung tragen, der nicht nur die etablierten energiepolitischen Paradigmen immer weiter hinterfragte, sondern auch demokratietheoretische und ethisch-moralische Grundsatzprobleme aufwarf. Der Karrierestart des Grünen-Politikers Joschka Fischer als hessischer Umweltminister und die Etablierung des Bundesumweltministeriums durch die konservativ-liberale Regierung Kohl fanden nahezu gleichzeitig statt (1985 und 1986).

Vorangetrieben und von der Basis her qualifiziert wurde der politische Stimmungswandel immer wieder durch die Anti-Atom-Bewegung. Da diese, wie beschrieben, zunächst über längere Zeit nicht in der Lage war, im Sinne der Kingdonschen Kriterien „überlebensfähige" Policy-Optionen in das politische System einzuspeisen, und viele ihrer originären Vertreter dies auch grundsätzlich ablehnten, fungierte sie hauptsächlich im Sinne einer politischen „Vetomacht" und musste die Umsetzung alternativer Policies anderen Akteuren überlassen, die sich erst etablieren mussten.

Fast alle maßgeblichen politischen Akteure behielten in der Kernenergiepolitik ihre Positionen bis zur Jahrtausendwende im wesentlichen unverändert bei. Die einzige politische Partei, die einen Kurswechsel vollzog, war die SPD. Wie in Kapitel 2 beschrieben, versuchte sie als Regierungspartei, bestimmten technischen und politischen Problemen durch eine Ausweitung atomrechtlicher Genehmigungsverfahren Rechnung zu tragen, schwenkte 9 Jahre später, als Oppositionspartei, auf den von den Grünen vorgeprägten Atomausstiegskurs ein und zog auch die ihr mehrheitlich nahestehenden Gewerkschaften und Umweltverbände mit.

Damit war eine - u.E. die einzige wesentliche - Verschiebung im *Kräfteverhältnis der organisierten politischen Interessen* vollzogen. Die politische Vereinigung der beiden deutschen Staaten erbrachte noch einmal einen Zustimmungsschub für die amtierende konservativ-liberale Regierung, außerdem etablierte sich später die PDS als fünfte Partei im Bundestag, so dass sich die bisherigen Regierungsparteien immer wieder knapp behaupten konnten. Ebenso knapp war dann auch 1998 der Wahlsieg der rot-grünen Koalition, der die Tür zum Politikwechsel auch in der Kernenergiefrage öffnete.

3.4. Entscheidungsfenster und politisches Unternehmertum

Jenseits der näheren Untersuchungen einzelner technologie- und strukturpolitischer Vorgänge in den beiden Anfangsphasen der deutschen Kernenergiepolitik lassen sich relevante Kopplungselemente der drei betrachteten politischen Ströme u.E. erst wieder nach dessen „Re-Politisierung" (vgl. Abschnitt 3.3.) in den 70er Jahren ausmachen - bis dahin scheinen uns schlicht die Akteure zu fehlen, die einen Politikwechsel beabsichtigten.

Aber auch in der „Stagnationsphase" von 1975 bis 1986 erscheint es zunächst schwierig, einzelne Zeitpunkte als regelrechte *„Fenster der Entscheidung"* auszuzeichnen, oder einzelne Personen als *„politische Unternehmer"*. Dies hat wesentlich mit der Eigenart des damals neu entstandenen politischen Akteurs, der Anti-Atom-Bewegung, zu tun, die gerade durch ihre Heterogenität und das Fehlen zentraler Führungspersonen charakterisiert wird.

Von Seiten des Politics-Stroms lassen sich ab 1980 regelmäßig die Bundestagswahlen als politische Entscheidungsfenster identifizieren. Letztlich gelang aber bis 1998 darüber kein Politikwechsel. Zu den Wahlen 1980 und 1983 waren weder ausreichend starke politische Akteure noch umsetzbare Policy-Alternativen vorhanden, und danach konnten sich die politischen Vertreter der Kernkraftbefürworter immer wieder an der Regierung behaupten.

Auch *vom Problemstrom her* gab es immer wieder verschiedene „Inputs" in Form von *focusing events*, die als Entscheidungsfenster tauglich waren - vor allem Störfälle und spektakuläre Protestaktionen. Doch selbst die gravierende Tschernobyl-Katastrophe hatte in dieser Hinsicht nur mittelbare Auswirkungen. Zwar reagierten Regierung wie parlamentarische und außerparlamentarische Opposition durchaus schnell und zielgerichtet, doch hatte die Anti-Atom-Bewegung 1986 bereits ihren für längere Zeit letzten Zenit erreicht und die gerade umgeschwenkte SPD war nicht mehr an der Macht. So galt ein Ausstieg aus der Kernenergienutzung bei der politischen Opposition zwar seitdem als beschlossene Sache, aber man war gezwungen, noch zehn Jahre zu warten, bis diese „Lösung" durch eine generelle, nur mittelbar vom Thema Kernenergie beeinflusste Verschiebung des Kräfteverhältnisses auf der politischen Seite ihre Chance auf Verwirklichung bekam.

Ähnlich schwierig gestaltet sich die Suche nach *politischen Unternehmern* im Sinne von Einzelpersonen. Am ehesten haben noch die Umweltminister in den rot-grünen Länderkoalitionen versucht, so etwas zu sein, allen voran natürlich Joschka Fischer. Sie alle führten jedoch eher zähe und langwierige Kämpfe innerhalb des Options- und Politics-Stromes und bekamen kaum die Gelegenheit, alle drei Ströme rasch und entschlossen miteinander zu verknüpfen.

Joschka Fischer wurde seinerseits nach dem Wahlsieg 1998 Außenminister und überließ die Aushandlung des „Atomkonsenses" dem neuen Umweltminister Jürgen Trittin, der dieses dann ausschließlich auf der Politics-Ebene und abgekoppelt von den meisten anderen wichtigen Akteuren durchführen musste.

4. FAZIT

Aus den bis hierhin ausgeführten Überlegungen ergibt sich hinsichtlich der Erklärungskraft des Multiple-Streams-Modells für die Vorgänge im Politikfeld „Kernenergienutzung" ein gemischtes Bild:

Einerseits lassen sich die relevanten Vorgänge recht gut mit dem begrifflichen Instrumentarium der postulierten drei Strömungen beschreiben, deren konsequente Anwendung durchaus schon für sich einen Informationsgewinn ergibt. Auch wird die relative Unabhängigkeit der drei Ströme wie auch ihre dennoch bestehende „lose Verkopplung" ausreichend deutlich. Andererseits führte unsere Betrachtung der im Multiple-Streams-Modell maßgeblichen Kopplungsmöglichkeiten der drei Ströme zur Auslösung von Politikwechseln im wesentlichen zu einer Fehlanzeige.

Im Rahmen dieser Arbeit kann nicht mehr geklärt werden, ob die Ursache hierfür mehr in der Eigentümlichkeit der deutschen Kernenergiepolitik zu suchen ist, oder eher in einer konzeptionellen Schwäche des Multiple-Streams-Modells.

Unseres Erachtens spielen beide Aspekte eine Rolle. Zum einen ist es kennzeichnend für den Politics-Stromes der deutschen Kernenergiepolitik, dass hier versucht worden ist, Entscheidungen und Policy-Änderungen so lange wie möglich zu verzögern und zu vermeiden. Andererseits wird der punktuelle und individuelle Ansatz zumindest des „klassischen" Multiple-Streams-Modells von Kingdon der Eigenart der in unserem Fall meist kollektiven Akteure nicht gerecht. Die Stärke des Multiple-Streams-Ansatzes, nämlich die u.E. gute Passung des Konzeptes zeitlich ausgedehnter Politikströme auf unser Fallbeispiel, scheint sich am Ende wieder in eine Schwäche umzumünzen, denn der zeitlichen Ausgedehntheit dieser Prozesse wie auch der Heterogenität ihrer Akteure ist eben nicht zu entkommen. Insofern hat unsere Ausarbeitung die gängige Kritik an der Personenzentriertheit des Begriffs vom *politischen Unternehmer* als „Kopplungs-Akteur" (vgl. RÜB 2009, S. 367) deutlich unterstrichen.

Mindestens die unter 1.1. genannten Grundannahmen des Multiple-Streams-Modell scheinen uns mit unserer Betrachtung jedoch hinreichend belegt: Die Logik politischer Prozesse geht nicht in der Logik der Rationalität auf (RÜB 2009, S.364) und die Ergebnisse der Tätigkeit politischer Akteure in einem bestimmten Politikfeld sind trotz aller zielgerichteten Anstrengungen immer einer gewissen Kontingenz unterworfen.

Damit lässt sich jedenfalls festhalten, dass es sich lohnt, Policy-Prozesse anhand von Modellen zu untersuchen, die den Handlungsspielraum politischer Akteure nicht nur auf die Handlungsmuster eines *homo oeconomicus* reduzieren.

LITERATUR

ATOM-EXPRESS 1997: Redaktion Atom-Express (Hg.): ... und auch nicht anderswo! Die Geschichte der Anti-AKW-Bewegung. Göttingen

BEAUCAIRE 2009: Beaucaire, Dominique: Policy-Prozess: Atomkonsens - Inwiefern haben sich welche Akteure mit welchen Instrumenten durchgesetzt? Studienarbeit, Norderstedt

BRAND / CORBACH 2005: Brand, Ruth; Corbach, Matthias: Akteure der Energiepolitik. in: Reiche, Danyel: Grundlagen der Energiepolitik, S. 251-277. Frankfurt/Main.

BUNDESREGIERUNG 2000: Vereinbarung zwischen der Bundesregierung und den Energieversorgungsunternehmen vom 14. Juni 2000, Berlin, 14. Juni 2000, http://www.bmu.de/files/pdfs/allgemein/application/pdf/atomkonsens. pdf (Zugriff: 05.04.2010)

COHEN / MARCH / OLSEN 1972: Cohen, Michael; March, James; Olsen, Johan: A Garbage Can Model of Organizational Choice. in: Administrative Science Quarterly 17, S. 1-25

CORBACH 2005: Corbach, Matthias: Atomenergie. in: Reiche, Danyel: Grundlagen der Energiepolitik, S. 99-116. Frankfurt/Main.

FISCHER 1986: Fischer, Joschka (Hg.): Der Ausstieg aus der Atomenergie ist machbar. Reinbek bei Hamburg

KINGDON 2003: Kingdon, John: Agendas, Alternatives, and Public Policies. New York.

KITSCHELT 1980: Kitschelt, Herbert: Kernenergiepolitik. Arena eines gesellschaftlichen Konflikts. Frankfurt/Main

MATTHES 2000: Matthes, Felix Christian: Stromwirtschaft und deutsche Einheit. Eine Fallstudie zur Transformation der Eelektrizitätswirtschaft in Ostdeutschland. Berlin

RÜB 2009: Rüb, Friedbert: Multiple-Streams-Ansatz: Grundlagen, Probleme und Kritik, in: Klaus Schubert/Nils Bandelow (Hrsg.): Lehrbuch der Politikfeldanalyse 2.0, München, 348-376.

SCHNEEHAIN 2004: Schneehain, Alexander W.: Der Atomausstieg. Eine Analyse aus verfassungs- und verwaltungsrechtlicher Sicht. Göttingen.